U0324735

世界摄影大师典藏

萨尔加多
咖啡创世纪之旅

[巴西]塞巴斯蒂昂·萨尔加多 著　文赤桦 黎旭欢 译

世界摄影大师典藏

萨尔加多

咖啡创世纪之旅

[巴西]塞巴斯蒂昂·萨尔加多　著　文赤桦　黎旭欢　译

由莱利娅·瓦尼克·萨尔加多策划、设计

中国摄影出版社
China Photographic Publishing House

序

PREFACE

对一个巴西人来说，承认自己不喝咖啡，或许是件怪异的事。可是，我就从来不喝。然而，咖啡却在我的血管中奔腾流淌。在我人生的几个关键时刻，咖啡发挥了极为重要的作用。早在着手创作这本书时，我对咖啡文化就已经有了深刻的了解。 我希望书中的这些影像能传递出我重返咖啡王国的快乐。世界上的咖啡王国主要位于发展中国家的偏僻山区，它寂静无声、与世隔绝，远离都市的房屋、写字楼和咖啡馆，咖啡在那里呈现的是一种全然不同的生活方式。

很多有关咖啡的宏大叙事都在强调咖啡在现代经济生活中的地位。咖啡是交易量最大的热带农产品，每年咖啡（豆）的出口值达到近 160 亿美元，收入接近 1000 亿美元，它们又转换成近 5000 亿杯咖啡，为世界各地的人们所消费。然而，更容易被人忽视的一个事实是，这些咖啡是 42 个国家的 2500 多万人的劳动成果。我在拉美、非洲和亚洲的 10 个国家找到了这些劳动者，他们多为自耕农，或按日计酬的临时工。

对这些劳动者而言，咖啡与他们的生活密不可分，祖祖辈辈甚至几个世纪都是如此。 咖啡界定了一年四季和劳作的节奏，决定着他们的收入和福利。对一个在纽约、巴黎或东京的咖啡客来说，这些劳动者几乎是不存在的：意大利浓缩咖啡是咖啡机生产出来的。然而，在咖啡机之前，是那些遥远土地上的男人、女人和孩子们在种植、采摘、清理、烘干和甄选着咖啡豆。每一杯咖啡都出自于劳动者的双手，这本书，是对咖啡劳动者的致敬。

摄影之旅将我带回了我的出生地。20 世纪 30 年代，由于政治动荡，我父母的生活轨迹被迫改变了。父亲本是卡兰戈拉镇上的药剂师，但他不得不搬到镇北边约 48 公里外的马纽阿苏 （也在米纳斯吉拉斯州 ），这里离他的出生地很近。 为了养家糊口，父亲在马纽阿苏开始率领一支骡车队，把一麻袋一麻袋的咖啡运到 209 公里外的艾莫雷斯镇， 路上需要走 15 天。 继而，火车将咖啡运往出口咖啡的维多利亚港。就这样，父母在艾莫雷斯镇附近安顿下来，成了面包师，买了一个农场。 当我还是小孩的时候，他们拥有了自己的磨坊，加工咖啡和大米。

我最早的记忆都与咖啡有关。父母养育了八个孩子，我是唯一的男孩。我会坐进父亲的卡车，跟随他去收咖啡豆，然后研磨，我也会经常在那附近的咖啡农场留宿，和年轻朋友们一起过夜。在不知不觉中，我知道了一粒咖啡果是怎么变成咖啡的。不久，我就在磨坊帮助父亲干活了。磨坊的机器会去掉咖啡豆的外壳，而我常被分派去烘干咖啡豆，缝制装咖啡豆的麻袋，之后它们被运往维多利亚港。7 岁时，我便在父亲的磨坊干活，这让我获得了人生第一笔微薄的报酬。14 岁那年，我离开了艾莫雷斯，去外地求学了。

多年后，我和妻子莱利娅・瓦尼克・萨尔加多去了巴黎，继续学习经济学，我的博士论文选题是“世界范围内的咖啡供应与需求”——这绝非是偶然。不过，在完成博士学业前，我在伦敦的国际咖啡组织担任经济学家。这项工作涉及到农业多样化的推广，以避免全球咖啡过剩，也使我得以探访了卢旺达、布隆迪、刚果和乌干达等咖啡种植区。正是在这个时期，我用从妻子手上借来的一部相机，第一次开始拍摄照片。对我来说，摄影将证明它比咖啡更有吸引力！ 1973 年，我离开了国际咖啡组织，职业生涯就此改变。

然而，咖啡却从未在我的生命中消失。差不多 30 年后，安德里亚・ 意利和他的姐姐安娜・意利来地球研究所（ Instituto Terra ） 访问。这个研究所是我和妻子创办的一个森林再生项目，我们希望用大西洋沿岸森林的本地物种覆盖我父母在艾莫雷斯的那个农场上受到侵蚀的干旱土地[①]。意利家族一直致力于环保和公平贸易。他们认为，推广避光种植咖啡的方法，能促进森林再造。我对这个理念一点也不感到诧异。巴西的多数咖啡都是在阳光下种植的，这样咖啡产量更高。但避光种植的咖啡酸性较弱，品质更高。事实上，意利咖啡在巴西设立了一个高品质咖啡奖，全球的高品质咖啡有三分之一来自巴西。此外，意利咖啡还在圣保罗开设了咖啡大学（ University of Coffee ）分校。咖啡大学目前共有 22 个分校。

避光生长的咖啡有一个重要特征，就是不易被昆虫侵害。道理很简单，如果昆虫的食欲能在它们栖息的树木生态系统中得到满足，它们就不会过分攻击咖啡树。因此，只需要在阳光下生长的咖啡林中种上一些当地树种，咖啡树就能自行调整，产出避光生长的咖啡。也就是说，在更大的树荫庇护下，咖啡树能产出品质更好的咖啡。意利咖啡一直支持这个项目，他们为咖啡农发放宣传册子，并培育了一些小的苗圃，为愿意种植避光生长咖啡的农民提供本地树种。意利咖啡还直接收购他们的咖啡，从而进一步鼓励咖啡农的种植意愿。参加这个项目的咖啡种植农，需要承诺通过重新造林或者保护的方式，将 20％的土地用于栽培本土树木。

这本书就是我与意利咖啡在环保和咖啡种植问题上交换想法后的成果。

2002 年，我在米纳斯吉拉斯州和圣埃斯皮里图州开始筹备做这本书，这里几乎可以说是我自家的后院。阳光下那连绵不断的咖啡树，装扮着起伏的群山。我拍摄旅程的第一站，便是父亲几十年前收购咖啡的马纽阿苏。12 年后，我又回到了这里。不过，直到在圣埃斯皮里图州，我拍下一支骡车队行进在满是石子的山路上时，才突然意识到，自己是在重访父亲的一生。事实上，在很多方面是父亲伴随我走过了漫长的世界咖啡之旅。

可能最让我意想不到的是，尽管隔着海洋和大陆，咖啡种植农的生活却极为相似。在一些地方，机器取代了一些生产步骤，不过绝大多数咖啡生产者都是小农户，他们依然依靠手工采摘咖啡果，而他们的妻子和孩子，则帮着把咖啡豆烘干，然后用骡子运到买家。我能想象，一个来自中国云南怒江峡谷的咖啡农，几乎不需要费什么气力，就能适应在哥斯达黎加雷耶斯峡谷的劳作。

此外是咖啡种植的环境。对咖啡农来说，无论富有还是贫穷，咖啡树都代表着他们的资本，甚至他们的生存。因此，他们会细心照看这些树木，确保得到季节性雨水的润泽，同时保证土壤不被侵蚀，并将必要的地方用树围起来阻挡风的侵袭，此外还要持续监控昆虫和真菌。在热带地区，为了抵御低地的炎热高温，咖啡种植园常常修建在山坡上。我发现自己一次又一次地站在雾蒙蒙的山坡上，眺望山下满目青翠的峡谷和平原，仰望雨水来临前天上密布的乌云。雨对咖啡树开花起着至关重要的作用，而花将最终结出咖啡果。

有时候，唯有通过身上穿的服装才能辨别咖啡采摘工们来自何方。专家的眼睛甚至能够识别出那些常背着孩子采摘咖啡果的危地马拉印第安妇女，因为她们身着绣工精美的韦皮尔衫[②]。而哥伦比亚圣玛尔塔内华达山脉的阿尔瓦科印第安人，则身着白衣，头戴白色软帽。对那些在恩戈罗恩戈罗火山口坡上采摘咖啡果的坦桑尼亚妇女来说，佩戴华丽的手镯、项链、耳环去工作似乎是很自然的事。与此形成对比的是印度卡纳塔卡邦的妇女——她们采摘咖啡果时，只围一条简单的头巾。

咖啡种植园的工作条件可能很艰苦，因为工人每天的工资是按采摘咖啡果的重量计算的。在规模小的农庄，采摘是整个家族一起来做的。但是，就像那些在咖啡收获季节往北去哥斯达黎加工作的巴拿马印第安人一样，在需要额外劳力的地方，每个班次的工作结束后，提着满篮咖啡果的男人女人们得排队等候过磅。在地势崎岖地带的采摘工，还得把咖啡果从湿滑的小路上运送下来。如果在萨尔瓦多的圣安娜火山（Ilamatepec）附近采摘，运送咖啡果时，还要穿过冒着热气的熔岩区。

不过，咖啡的生命周期阶段性差异很小。全球有两类咖啡豆：阿拉比卡（Arabica）和罗布斯塔（Robusta）。这两个品种都源于非洲。我的拍摄旅程只让我去了阿拉比卡咖啡的种植园。这两种咖啡，新栽的树木都需要四年时间才能开花，结出鲜红的果实，然后采摘。采下的咖啡果必须迅速加工处理，在多数农庄就是在地上把它们铺开，然后用耙子频繁地散开，让果子在太阳下晒干。这在我所到访的社区是常见的景象。另外一个办法是，把咖啡果放入盛满水的大桶里，不停搅动，直到把果肉从外壳里取出。取出的果肉同样也要铺开，要么在太阳下晒干，要么用机器烘干。

加工的最后一步是碾磨，即去掉外壳，露出咖啡豆。咖啡豆实际上是咖啡树的种子。不过，咖啡豆在打包送往市场或出口前，还有一个漫长的筛选过程，工人需要用手拣出有瑕疵或褪色的豆子。在小规模的农庄，比如在坦桑尼亚的尼亚萨湖区，或者在埃塞俄比亚耶加雪菲地区，这项工作通常由妇女来完成。而那些比较大的公司，比如印度卡纳塔卡邦的阿兰那咖啡烘焙厂，则雇用了成百上千的男女在颗粒微小的咖啡豆中进行甄选，评出不同等级，再装入麻袋，最后出口。

咖啡进入市场后发生了什么，那就是另外一个故事了。几个世纪前，咖啡从埃塞俄比亚进入也门，然后穿越阿拉伯世界，从而获得了“阿拉比卡”之名。 到了 18 世纪初，咖啡在欧洲已经非常盛行，甚至连巴赫也罕见地离开宗教音乐，写了一出嘲讽清唱剧《咖啡康塔塔》③。这一时期，咖啡种植从非洲传播到了拉丁美洲和亚洲，很快成为一种价格实惠的全球饮料。今天，喝咖啡风尚似乎一如既往的强烈，这体现的是一种大自然的伟力。毕竟，是咖啡塑造了人，而不是人塑造了咖啡。

塞巴斯蒂昂·萨尔加多

译者注：

① 萨尔加多从小在父亲的农庄生活。农庄后来逐渐凋零，土地被侵蚀，终成草木死寂的荒谷。萨尔加多和妻子继承了这片荒土，但心有不甘，于是，萌发了一个大胆的念头：重新造林。他们在这里种植了 200 万株树苗，花了几年时间，终使荒谷复苏。

② 韦皮尔 （huipi）为印第安妇女最常穿的一种传统服装，衣服上绣有各种花卉，色彩艳丽，染料多为天然。对印第安人而言，不同式样、不同颜色的服饰，代表不同的部落，甚至社会地位和宗教信仰。

③ 康塔塔（Cantata），意大利文，意译为清唱套曲。巴赫的《咖啡康塔塔》是音乐家讽刺腓德烈大帝对咖啡的侮辱和诽谤而创作的一出音乐剧。

共有的激情

A SHARED PASSION

当我还是一名钻研化学的年轻人时，如果有人告诉我，将来我会与世界上最重要的人文摄影师塞巴斯蒂昂·萨尔加多一起共事，我一定不会相信。虽然，像我这样的梦想家坚信每一次成就都来源于大胆的预想，但我依然无法预见自己将在 2001 年成为摄影项目的发起者，而这次拍摄将记录下在咖啡的天堂里最激动人心的旅程。如果当时能预测到这件事，我一定会拼命摇头，无法相信，就像很多年前，当我听爷爷说要做出最完美的咖啡时那样充满怀疑——今天，当年爷爷的梦想已成为我的梦想，而这个梦想正在逐渐成为现实。当我第一次见到塞巴斯蒂昂·萨尔加多时，我便爱上了他的照片和他的传奇故事。于是，他的项目变成了我们的项目，而我们的理想也成为他的理想。我们的合作建立在一个共同的梦想之上——用理想化的善、美和公平，向环境和人类表示尊重。

塞巴斯蒂昂对咖啡工人的世界有着深入的了解。咖啡这种作物在他的一生中扮演了重要角色，从幼年开始一直持续了很长时间，直到他决意开始追寻内心中对摄影的热爱。产生这个决定性的想法，是在 1973 年从一次非洲之旅回来后，这次旅行对他产生了深远影响，他因此说服自己，从此投身于职业摄影，记录当下生活中最难得一见的场景。我们都知道，他见证了不公与绝望，也见证了人类对环境的肆意破坏和人类自身的苦痛，最终成为世界上最受敬仰的摄影大师。他拍摄了金矿工人、沙漠化的萨赫勒地带、卢旺达种族大屠杀、移民，以及波黑地区“种族清洗”；另一方面，也展现了在遭受人类毁灭性干涉之前的世界奇观：亚马逊的热带雨林、刚果、印度尼西亚和新几内亚，还有壮丽的南极冰山。

在萨尔加多的影像中，打动我的除了超乎寻常的视觉力量，还有他试图通过美的语言讲述故事的勇气和富有创造力的决心。这份决心也是我们共有的，是维持我们长期合作的关键，尽管这次合作的开始出于偶然。

数年前，在巴西父亲的农庄里，塞巴斯蒂昂创建了地球研究所，开始了一个雄心勃勃的森林再生项目，而意利咖啡带着极大的热情，成为该项目的合作方。好景不长，这个项目的发展实际上困难重重：这片曾覆盖着郁郁葱葱森林的土地，当时已退化成一片满是黄草的草原，当我们的第一批植物开始生长时，便遭受了贪婪的蚂蚁大军的攻击，所有的努力化为乌有。在这种环境下，森林再生项目的建立耗费了五年时间，当这段时间过去后，塞巴斯蒂昂邀请我再次造访那里时，我震惊了。眼前不再是被烈日吞噬着的山丘和零零散散瘦弱的牛群，而是一片延绵到天际、郁郁葱葱的森林，在约 200 万棵树木中，点缀着湖泊、河流，偶尔还能见到美洲豹的踪迹。我的姐姐安娜，她对种植有着渊博的知识，正是她早年和之后对植物园的数次造访（几乎每次都由塞巴斯蒂昂陪同）促成了我们之间的合作，并通过日积月累，凝聚成为意利历史上的特殊时刻，作为 2015 年米兰世博会的一部分得以展出。这项合作历经多年也没有结束，就像我们立志于让这个星球从经济、社会和环境层面获得持续性发展的梦想一样不会终结。这些年来一直指导我们的是三个核心观念：共有的价值观、成长和对自然的尊重，这是对通过质量创造经济价值的承诺，也将在咖啡生产链的各个环节产生反应，这个生产链连接了农业工程师、烘焙师和消费者，环环相扣。此外，我们坚持对环境的关心，通过尽可能地使用可再生资源对抗资源浪费。

许多年之后，萨尔加多开展了名为“创世纪”的项目，历时 8 年，在全球范围内完成了 32 个拍摄任务，记录这个星球的健康状态。无论是从全人类还是个人角度看，这都是一份宏伟的事业，它用显著的方式突出了因人类行为而导致的环境问题。通过他的作品，塞巴斯蒂昂成为名副其实的先锋：他深知当人与自然之间产生重大问题时，美的语言是促使人们面对这些问题的重要沟通方式，他也将这种语言发挥得淋漓尽致。为了提升对环境尊重的重视度，他选择了那些还未被污染的、不同凡响的地方加以表现，就像书中的影像展示了在咖啡世界里无法估量的机遇、矛盾和希望，以及咖啡种植者的群像——他们既是这个天堂的培育者，也是它的一部分。

用新的方式种植和销售咖啡，与咖啡园的种植者建立更牢固的关系——这是我们 25 年来一贯的追求，也是萨尔加多开展此拍摄项目的目标。咖啡生长的地方呈现出“天堂”的景象，人与自然在一起达到看似完美的和谐状态。然而，在殖民历史中，这些地方充满了剥削，人们的生活也仅维持在贫困线上，现实的反差让人无法接受。由此，联合国千年发展目标、可持续性发展目标的推出，以及将在 2015 年巴黎气候大会上提出的新办法，使得咖啡文化置身于对抗贫困的国际战略舞台的中心地位。

咖啡被认为是体现文化的官方饮品。自启蒙运动以来，每一件艺术品、每一位艺术家都以某种方式与咖啡建立了极其紧密的关系。萨尔加多卓越的作品是这种独特关系的又一个例证，通过艺术与美的语言向世人阐述了这种联系。

在跨越了多种文化后，咖啡给消费国带来了安宁，也为全球 20% 的人口带来了幸福。然而，在生产国中，状况却并非总是如此。我时常问自己：在咖啡种植园和那些位于印度、埃塞俄比亚、危地马拉和其他许多地方的田间，人们的生活状况究竟如何？漫步在种植园里，能感受到强烈的反差：在某些方面是非常美好，因为这些地方的景色十分震撼，也很动人，但在其他方面，却让人明显地感到不公平，因为它们大多地处发展中地区或国家，有些甚至徘徊在贫困线边缘。我相信，并且和萨尔加多共同希望，通过可持续性发展，咖啡将为这些地区的经济和社会发展注入新的财富与机遇。

现在是时候让每一个人对全球咖啡贸易的作用产生新的认识了。只有这样，才能在整个领域为劳动者谋求新的尊严，并使之逐渐在最谦卑的采摘者群体中得到体现。

2002 年，因为市场价格下跌而导致咖啡市场危机时，整个领域经历了极为艰难的时刻。对于一些跨国公司来说，这仅仅是一次简单的经济困难时期，但对于一些国家的劳动者来说，即使不是已经处于饥饿状态中，却也是在最低生活水平线上挣扎。在那段时期，一些生产商和劳动者甚至放弃了咖啡种植。对我们而言，这是一个反映企业在社会中地位的机会。我们很快就达成共识：减少贫困并且改善生产商的生存状态这一任务已经成为并且会持续作为一项明确的社会责任，势在必行。这个目标首先包括在整个社区中为他们的工作重建尊严，并给予他们应得的尊重和钦佩。正是这份信念，激发了萨尔加多完成这次拍摄项目的决心，促使他在每一个为意利拼配（Illy blend）做出贡献的国家拍摄种植园劳动者。最初提出联系萨尔加多的是谢尔盖・希尔维斯特里斯（Sergio Silvestris），他是一位杰出的创意人才，却在他的时代到来之前辞世。我非常敬重他，他曾经参与过这项任务的初期阶段，用富有美感而优雅的方式展示细节，并为包括我在内的每个人提供了许多个人成长和提升的重要机会。

萨尔加多将环境置于照片的核心部位，但在前景，我们能看到人物，看到他们的手势、视线、尊严和在工作时体现的自豪感。照片定格了他们农作时，或是用手工方式一次一颗甄选成熟的咖啡果时，或是批量甄选时（将树枝上的咖啡果全部采下，收进放在地上的麻袋里），或是在晾晒过程中的身影。萨尔加多的镜头，照亮了他们的形体和脸庞，赋予其意义，为他们的辛勤劳动增添了价值和美感。他的影像也帮助我们认识到，人类才是咖啡生产的主角。从他的作品中，我们明白了为了使一个产品有益于消费者，它首先应有益于其生产者。萨尔加多的影像告诉我们，咖啡是一份财富（对此我深信不疑），而这前提条件是咖啡培育需遵循《我们共同的未来》[①]的准则，在不损害未来人类需求的条件下满足当下需求，也就是说，以可持续性方式操作。但是，我们如何能做到这一点？

我是精英制度的忠实信徒，并且我们为此类行为设立了有形的支持，也是一个标杆。为了确保可持续性生产的可行性并加速这一进程，1991 年，我们为咖啡农设立了埃内斯托・意利（Ernesto Illy）质量奖，奖励生产出质量最佳作物的农民。在过去的 24 年里，已有超过 1 万名生产者参与了这个奖项，奖励金额超过 200 万美元。在巴西，诸如（圣保罗州的）皮拉茹伊地区、喜拉多内陆地区，还有米纳斯吉拉斯州的山区等地，都从整体上提升了产品的质量，生产者收入也因此增加。

咖啡有时也对人们的生活产生了重要影响。在埃塞俄比亚之行中，萨尔加多造访了许多村庄，那里的小屋被小面积的土地怀抱着，而咖啡树的种植也具有象征意义：当孩子出生时，一棵咖啡树苗也同时被种下，这个孩子必须用一生来照顾这棵植物。在这次旅行中，萨尔加多曾前往一处教堂，这里也是一所学校，校外是拥挤的孩子们，而校内则有更多的孩子和成人像沙丁鱼似的挤在一起。显然这里的空间不足以容纳这么多人，所以我们萌生了一个想法，希望建立一所能为每个孩子提供学习场地的学校。

萨尔加多非常敏锐，这一特征和我的家人如出一辙，这在他 2003 年的印度之行中得到了充分的体现。我姐姐安娜回忆道，当时塞巴斯蒂昂用的是徕卡相机，和我们的父亲一样，头发很短，戴着棒球帽，而且总是随身带把瑞士军刀。他之前并不确定是否要去印度，但安娜极力鼓动他一同前往，告诉他那儿的咖啡种植园（咖啡庄园）是非常奇妙的地方。我从安娜口中得知，一天早上，他们带着满腔期待前往种植园去等待采摘者的到来，却等来了一群穿着鲜艳纱丽的女人，萨尔加多随即按下快门。在异常安静的采摘区，只能听见成熟的咖啡果落到篮子里的声音。萨尔加多问为什么没有人唱歌——因为在巴西的收获时节，每个人都是热情的歌者。不一会儿，他唱起了歌。一开始是一个人，但很快就有一位老人站起身跟着他一起唱，几分钟后，歌声响彻田间。当时的场面震撼人心：声音像是从地里钻出来的一样，所有的劳动者，甚至还有邻村的人们，一起用歌声分享着和谐之梦。

为了各方（包括商人）的利益，我们必须理解世间万物是在一个复杂的机制上互动，没有人会完全置身局外，也不能认为自己是完全中立的，无论何时何地，这种机制都将我们联系在一起。

出于对质量提升的追求，咖啡从日用商品发展成为特色商品，向着卓越精品的目标前行，而这也是我所希冀的未来。当咖啡通过适当的渠道，以合适的价格出售时，它将不再参与低价竞争，由此我们不仅能保证其质量，也能保证其可持续性，使各生产国的咖啡生产链成为推动经济进程的动力。对于咖啡质量的二次革命指日可待，这便是我们未来数年不懈追求的梦想。

正是由于这个原因，我们选择了塞巴斯蒂昂·萨尔加多的艺术：它用最震撼的方式讲述了咖啡不同寻常的本质，对其描述近乎完美，用强有力的符号展现了咖啡在伦理层面上的价值。萨尔加多的照片不断地激励我们用感恩的目光审视地球母亲和她那遍布 70 个不同国家、2500 万户与咖啡有着密切关系的家庭。我们的盟友是咖啡劳动者，他们有着勤劳的双手、敏锐的眼光和睿智心灵，在相互的尊重与快乐的分享中，我们一起面对超乎寻常的挑战，努力生产出世界上最棒的咖啡。

我得知在萨尔加多最初的某次行程中，刚抵达印度他便问起如何用印地语说“谢谢”，然后在手心里写下这个词（Dhanyavad），这样在每次拍摄后，他都能向被摄者表达谢意。这是一个简单而伟大的举动，胜过千言万语，足以体现他的品德。

在此，谨向萨尔加多表示由衷的感谢，并通过他的影像，将这份感恩传递给所有的咖啡劳动者。

安德里亚·意利②

2015 年于意大利里雅斯特

译者注：

①《我们共同的未来》是世界环境与发展委员会关于人类未来的报告，于 1987 年 4 月正式出版。报告以“持续发展”为基本纲领，以丰富的资料论述了当今世界环境与发展方面存在的问题，并针对这些问题提出了具体的和现实的行动建议。中译本于 1989 年出版。

② 安德里亚·意利（Andrea Illy），意利咖啡（illy caffè）集团全球主席。

EE28217
CENTROAMERICA

DAD COMPROBADA
N
P_2O_5
K_2O
Mg O
B
S
Zn
Peso 50 Kilos
LOTE

L
12
8
24
M
26
4
96.

大川饲料
载质量
1000千克

准乘2人

KO!

Juice
Kam-Kam

SUARAKAN KEBENARAN
NYALAKAN INSPIRASI
GUDANG
Garam
MERAH
NYALAKAN
MERAHMU!
PERINGATAN:
WAFFLE

GRATIS
GG

5
6

MITSUBISHI

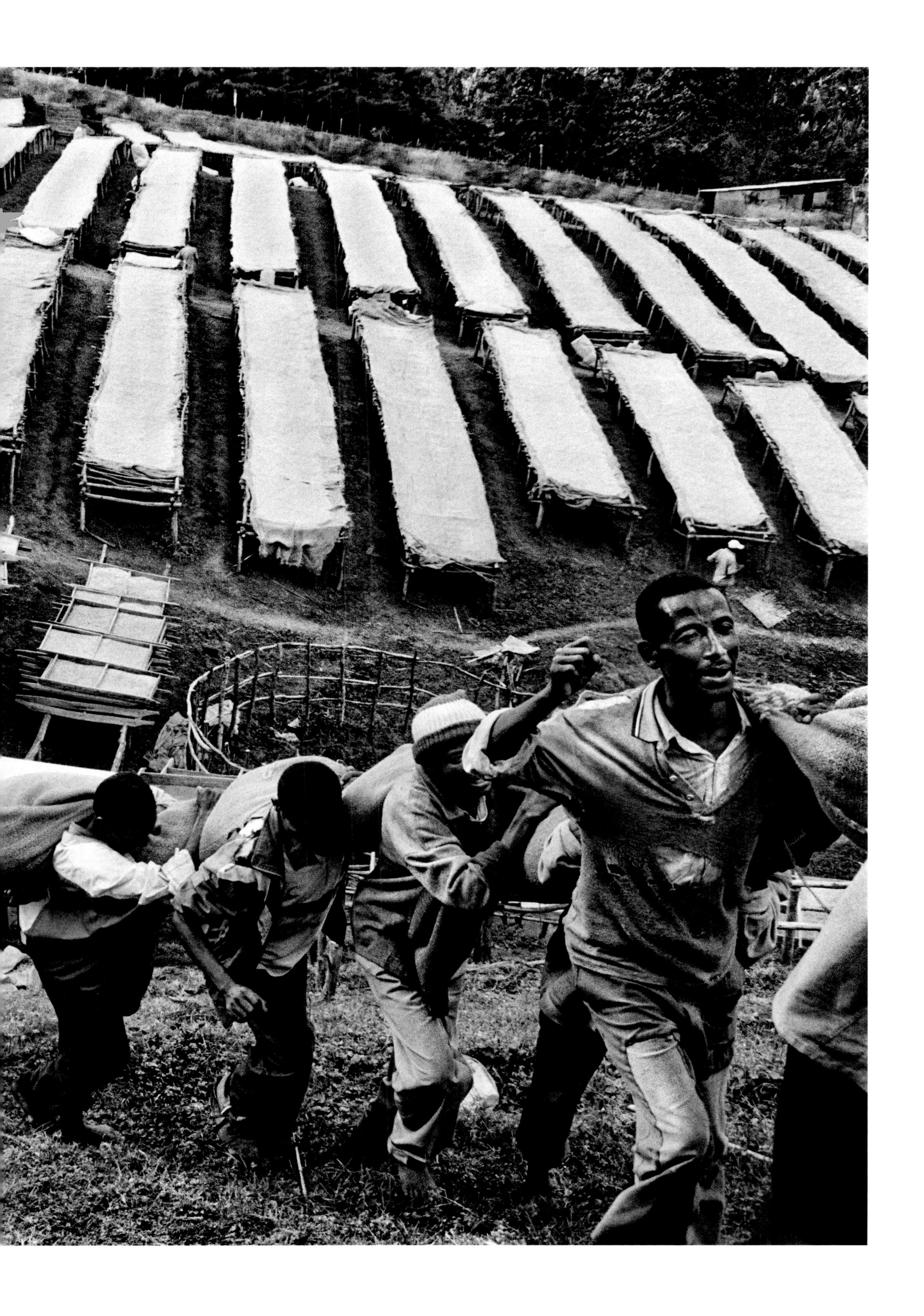

UNIT-3
DATE
TYPE
MC
K

UNIT III

NATIONAL
NP
PERMIT
Kerala
Karnataka
DIESEL

ORGANIC
FAIRTRADE

DALI

adidas
ds

13

PREDATOR

MIERCOLES 5
DE JUNIO
SIEMBRA CONCHA
VARIEDAD
CASTILLO

咖啡……

COFFEE...

咖啡专家和鉴定者，通过对咖啡产地的气候条件、种植地区的海拔高度，以及种植园日照时间的长短的评估，鉴定其口感和香味。而塞巴斯蒂昂·萨尔加多的相机，却能传递出另一种鲜为人知的咖啡的味道和芬芳，那是一种来自三大洲咖啡农劳动的味道，这种芳香来自男女老少劳动者皱巴巴的双手，而这些劳动者的名字却从未在那些描述这款饮料优良品质的标牌上出现过。

萨尔加多的摄影作品享誉世界，并得到广泛欣赏，这不仅仅因为他的影像代表着大师级的摄影艺术，还因为他对劳动——这个界定人类作为一个物种的特性——给予的完全的尊重。

我曾经目睹过哥伦比亚、洪都拉斯、尼加拉瓜、危地马拉的咖啡种植园之艰苦。现在，萨尔加多的影像，又让我走近了坦桑尼亚、中国、印度、埃塞俄比亚、印度尼西亚的咖啡劳动者，得以听见劳动者的手一粒一粒采摘咖啡果时发出的如丝细音、咖啡豆一颗一颗地落入麻袋时传来的回声，还有甄选咖啡豆时果实温柔滑过指尖的声音。而当咖啡豆在仓库中铺开晾晒时，你听到的已然就是平静海面传来的悦耳的旋律。

这是萨尔加多长期观察的全新展示，是他对人类最具尊严的劳动观察之道的展示。在其背后，是他十年在十个国家的耐心观察和付出。他期望在合适的时间里，光影能营造出一种能烘托拍摄对象尊严的氛围。这一点构成了萨尔加多的影像特征，同时也代表了他的喜悦和对拍摄对象的最高致敬。在他看来，正是这个了不起的咖啡劳动大家庭的默默付出，才把咖啡令人兴奋的喜乐带到了我们的桌子上。

萨尔加多用他的影像邀约我们，去感受咖啡的芬芳，去探索咖啡杯的杯底，这不是为了从中读出我们的未来，而是为了看见那一长排的男人和女人，他们正沿着高入云端的狭窄小路向上攀登，或者正骑着骡子穿过黑暗潮湿的热带雨林去咖啡种植园劳作。这些在富饶的种植园中不同种族不同肤色的男女，似乎都投身到了一种未知的宗教中。他们的手抚过咖啡豆，一颗一颗地识别它呈现的质感、色泽、芬芳和风味，就像圣殿中手持玫瑰念珠的宗教人士，召唤着神灵，悲伤地追忆那殉道的壮烈一幕。

我看着这些照片，想象着相机背后的塞巴斯蒂昂・萨尔加多站在山顶，期待着一道日光穿透云层，于是咖啡种植园沐浴在日光的光柱中。我想象着他在极小的镜头空间中构图，将马缰、麻袋布、编织的篮子，还有为驱逐湿气而点燃的篝火烟雾收入取景框。萨尔加多告诉我们，这一切同样构成了咖啡园劳动者那无言的日常叙事诗的一部分。我能想见塞巴斯蒂昂・萨尔加多隐迹于拍摄对象中，这样那位非洲农民才可能在镜头前优雅而谦卑地表现自己而不感到拘谨；那位有玛雅人特征的农村姑娘才可能在镜头前保持质朴的微笑；那对有着亚洲人面容的夫妻才会不失他们的威严。就像品鉴一粒一粒的咖啡豆似的，我一张一张地欣赏这些照片，我能感受到照片中萨尔加多对咖啡园里男女劳动者的尊重。而这正是他摄影艺术的标志。

几年前，在汉堡的仓库城，我参加过一次咖啡拍卖会。成千上万袋不同名字不同产地的咖啡被卖出。竞拍者都在谈论咖啡的价格，分析咖啡包装和运输的优点，他们称赞着某些年月的气候，以及在某些地区不同的丰富降雨量，然而，却没有一个人提到过那些男女劳动者，而咖啡正是出自他们的双手；没有一个人提到过坦桑尼亚的农民，他们通过树叶就能判断采摘咖啡果的最佳时机；也没有一个声音谈论到危地马拉的农妇，她们背着孩子，爬上白云的王国，把咖啡果搬运下来，而这些果实将照亮欧洲的每一个早晨。

这便是塞巴斯蒂昂・萨尔加多所做的：他还原了人类无私奉献的诗篇，他在自己的探险里寻找庄严，还原劳动那无所不在的崇高尊严。这不是别的，正是在影像中重述世界历史。

对于这一切，我唯一还能说的是：谢谢你，塞巴斯蒂昂・萨尔加多！

路易斯・塞普尔韦达①

译者注：

① 路易斯・塞普尔韦达（Luis Sepúlveda），智利作家。

不一样的意识

A DIFFERENT AWARENESS

摄影开始重塑自己的角色已经有一段时间了，甚至像托马斯・鲁夫（Thomas Ruff）和刘易斯・巴尔茨（Lewis Baltz）这样的大师也已提早结束了传统的拍摄方式，仅仅满足于对网络作品加以修饰。如今，大量蜻蜓点水似的非专业作品不断涌现，潮起潮落。相比之下，如瓦尔特・本雅明（Walter Benjamin）和苏珊・桑塔格（Susan Sontag）对于相机使命的那些远见卓识，似乎正在消失。要想甩开快照和碎片化拍摄的影响，让传统的专业技法得以延续，的确需要一个恰当的理由。

而塞巴斯蒂昂・ 萨尔加多选择了用镜头讲述咖啡的故事。这故事仿佛一本观察世界的指南。萨尔加多讲这故事的前提很合理：他生在巴西主要咖啡产区的米纳斯吉拉斯州，早在投身于摄影之前，他的人生就与咖啡绑在了一起。于是，萨尔加多从人类学者的视角，长期记录了拉美和非洲大陆上流动工人的生存状况，并持续关注摄影师的工作及其本身。他似乎想解释一点：如果摄影师的工作属于原创，具有作者风格，并被诚实地完成，就总会在工作中触及摄影的意义，以及更广范畴里拍摄的意义。

萨尔加多与意利的合作推动了这个长达十年的咖啡摄影之旅，这个项目现已完成。萨尔加多横跨巴西、印度、埃塞俄比亚、危地马拉、哥伦比亚、哥斯达黎加、萨尔瓦多、中国、坦桑尼亚和印度尼西亚，记录拍摄了这十个国家的咖啡产地。这位巴西摄影师的眼睛，不仅看到了咖啡的产地，而且还看到了咖啡豆生产所必须的过程：从种子的栽培到枝繁叶茂，到咖啡果的收获和咖啡豆的晾晒，以及最后咖啡豆的甄选。这些影像便是这次合作的成果。在这些影像中，我们所看见的是生命中多种多样的重要瞬间，那既是咖啡树生命中的重要瞬间，也是咖啡农生命中的重要瞬间。萨尔加多以一种温和的方式敦促我们思考很多问题，而这些问题都是一些尚未被解答的主题，有待他与我们共同阐述，也有待不同学科更详细的研究。

萨尔加多的影像，首先关注的是劳动伦理。在他的影像中，农场工人有序地排成一排，为大自然或咖啡供应链需要他们所做的一切而忙碌。这样的集体劳动，既是人与人的一种粗暴疏离，又是一种团结的形式，是对生活的激励。劳动也赋予了“人是群居动物” 这一表述积极的含义，然而，前提必须是避免剥削，为劳动者留出休息和人际关系的空间，让他们有归属感，甚至对自己的劳动感到骄傲。

其二，萨尔加多的影像还关注各种群体所持的不同的社会态度。在一张单幅影像中，我们看到了印第安人的长辫、浓密的黑色卷发，以及或强壮或瘦弱的身躯，他们干着相似的工作，却似乎有着不同的宗教、传统和心理模式。把这些“咖啡工人”看成是一群没有形态的群众，这种方式既而揭示了全球化中的一个核心问题，即差异组合。这种差异组合如同自然界物种多样性一样丰富，已有数千年历史了。

其三， 萨尔加多的影像把我们的注意力集中到了乡村景观概貌上。我们在购买包装产品时，往往难以想象其产地的模样。我们也难以窥见产品从大自然到厨房的整个过程，以及其生长的环境和生态系统。如果换一种方式去认识地球及其所处的状态，去认识我们在保护地球中的角色，我们就能重新看到产品从生产到消费之间那个漫长过程，一如当初我们忽视并遗忘它们一样。因此，正像他所拍摄的人物，萨尔加多镜头中的自然环境也各不相同。他要求我们在拍摄高山、丘陵、天空时，超越其中的相近之处，拥抱其差异性。

于是，在多年以摄影谴责不公、贫困、战争后，萨尔加多让自己的负面情绪在积极的世界里得到了缓释。但是，他并没有让我们推诿去应对一些问题，诸如劳动伦理、经济可持续性、新农业的危险，以及对陌生文化的尊重而非背叛。

萨尔加多在咖啡拍摄中，采用并改进了肖像与风光摄影，以及在人类学调查报告中使用的手法。他踏入探索之旅，投入大量时间等待和观察，与拍摄对象及其环境建立信任，选取拍摄时的优先因素，创作出既吸引人又平实质朴的影像，继而遴选最出色的作品，最后找到一条线索，把整个故事串接起来。 所有这一切都不是即兴拍摄所能取代的。因为即兴拍摄是漫无目的的，没有想要表达的中心思想，或者说与摄影故事无关。这最后一点完全关乎摄影，萨尔加多成功阐述了摄影的意义：摄影是一种艺术实践，是一种日渐交汇却依然独特的语言。

安吉拉·维特斯[1]

译者注：

① 安吉拉·维特斯（Angela Vettese），意大利艺术批评家，策展人。

图片说明

CAPTIONS

页码

15 杜特拉农场。圣约翰马纽阿苏市，马塔区，米纳斯吉拉斯州，巴西，2014

16/17 咖啡种植园。博腾希亚庄园，中区，哥斯达黎加，2013

18/19 圣约翰马纽阿苏谷的咖啡农场。马塔区，米纳斯吉拉斯州，巴西，2014

21 科迪勒拉东部和中部交汇处的咖啡种植园。慧兰区，哥伦比亚，2007

22/23 咖啡树花开时节。杜特拉农场。圣约翰马纽阿苏市，马塔区，米纳斯吉拉斯州，巴西，2014

24 咖啡农场。奥瑟尔庄园，卡纳塔克邦，印度，2003

25 托多斯洛斯桑托斯咖啡谷。库丘马塔内斯山脉，危地马拉，2006

26/27 树荫下生长的咖啡树。杜登古达庄园，卡纳塔克邦，印度，2003

28/29 树荫下生长的咖啡树。杜登古达庄园，卡纳塔克邦，印度，2003

30/31 咖啡采摘工。钦琼特佩克火山口山坡上的桑塔玛格丽塔庄园，中区，萨尔瓦多，2013

33 咖啡采摘工。马塔科斯昆特拉镇，贾拉普区，危地马拉，2006

34/35 咖啡采摘工。普洱市咖啡试验示范场，南岛河村，思茅地区，云南省，中国，2012

36/37 新寨村地区的咖啡种植园。怒江峡谷，保山市，云南省，中国，2012

38/39 咖啡种植园。阿蒂特兰湖区，危地马拉，2006

40 咖啡采摘工。奥瑟尔庄园，卡纳塔克邦，印度，2003

41 咖啡农场。奥瑟尔庄园，卡纳塔克邦，印度，2003

42/43 家庭种植园的咖啡采摘工。塔瓦湖区，噶友山中部，苏门答腊岛，印度尼西亚，2014

44/45 咖啡采摘工。香格里拉庄园，裂谷，恩戈罗恩戈罗火山口山坡，坦桑尼亚，2014

46/47 咖啡采摘工。香格里拉庄园，裂谷，恩戈罗恩戈罗火山口山坡，坦桑尼亚，2014

49 咖啡采摘。杜登古达庄园，卡纳塔克邦，印度，2003

50/51 咖啡种植园。里卡多 · 布鲁诺农场，文达诺瓦伊米格兰蒂市(Venda Nova do Imigrante)，圣埃斯皮里图州，巴西，2002

52/53 恩戈罗恩戈罗火山口。面对火山口生长的咖啡树。裂谷，坦桑尼亚，2014

54/55 博金的咖啡和水稻种植村。兰特包附近的咖啡产区，图拉查(Turaja) 山区，苏拉威西岛，印度尼西亚，2014

56/57 咖啡种植园。恩丹加、姆宾加市合作村，尼亚萨湖区，坦桑尼亚，2014

59 托达桑特里亚咖啡合作社。托多斯洛斯桑托斯咖啡谷。库丘马塔内斯山脉，危地马拉，2006

60/61 家庭种植园的咖啡采摘工。彭苏尔巴图村（Pensur Batu village），杜落桑谷地区，巴塔克区（Batak region），苏门答腊岛，印度尼西亚，2014

62/63 咖啡采摘工。马黑谷（Mahegu）、姆宾加市合作村，尼亚萨湖区，坦桑尼亚，2014

65 咖啡采摘工。杜登古达庄园，卡纳塔克邦，印度，2003

66/67 家庭种植园的咖啡采摘工。江西村，思茅地区，云南省，中国，2012

68/69 家庭种植园的咖啡采摘工。乌宁波特村（Uning Berteh village）地区，噶友山中部，苏门答腊岛，印度尼西亚，2014

70/71 咖啡农场。杜登古达庄园，卡纳塔克邦，印度，2003

72/73 采摘当地特色咖啡。耶加雪菲区，埃塞俄比亚，2004

75 托达桑特里亚咖啡合作社。托多斯洛斯桑托斯咖啡谷。库丘马塔内斯山脉，危地马拉，2006

76/77 咖啡采摘工。杜登古达庄园，卡纳塔克邦，印度，2003

78/79 在乞力马扎罗山山坡上的蒙杜尔庄园采摘咖啡果。阿鲁沙区，坦桑尼亚，2014

80/81 在乞力马扎罗山山坡上的蒙杜尔庄园采摘咖啡果。阿鲁沙区，坦桑尼亚，2014

83 咖啡采摘工。拉斐尔纳拉幼庄园，托多斯洛斯雷耶斯谷（Valle Todos Los Reyes），圣马科斯德塔拉苏市，中区，哥斯达黎加，2013

84/85 收获咖啡果。国会区卡萨格兰德农场，卡斯特卢市，圣埃斯皮里图州，巴西，2002

86/87 咖啡采摘工。钦琼特佩克火山侧面的桑塔玛格丽塔庄园，中区，萨尔瓦多，2013

88/89 在咖啡树怀抱着的村庄里，用骡子运输咖啡果。耶加雪菲区，埃塞俄比亚，2004

90/91 香格里拉咖啡庄园。裂谷，恩戈罗恩戈罗火山口山坡，阿鲁沙区，坦桑尼亚，2014

92/93 咖啡采摘季节里，在村庄里举行的传统仪式。耶加雪菲区，埃塞俄比亚，2004

94/95 穆哈芝林合作社。佩马塔地区，噶友山中部，苏门答腊岛，印度尼西亚，2014

97 咖啡农场。奥瑟尔庄园，卡纳塔克邦，印度，2003

98/99 咖啡采摘工。波阿斯火山侧面的拉希尔达庄园，圣荷西区，哥斯达黎加，2013

100/101 咖啡采摘工。拉斐尔纳拉幼庄园，托多斯洛斯雷耶斯谷，圣马科斯德塔拉苏市，中区，哥斯达黎加，2013

102/103 运输咖啡果。阿胡亚克族部落合作社，内华达山脉圣马尔塔，哥伦比亚，2007

104/105 家庭种植园的咖啡采摘工。乌宁波特村地区，噶友山中部，苏门答腊岛，印度尼西亚，2014

106/107 咖啡采摘工。潞食（音译）热带经济作物开发有限公司，怒江峡谷，勐乃村，思茅地区，云南省，中国，2012

109 在香格里拉庄园采摘咖啡果。裂谷，恩戈罗恩戈罗火山口山坡，坦桑尼亚，2014

110/111 位于阿拉比达库尔庄园咖啡农场的巴巴布当格里（Bababudangiri）圣水瀑布。卡纳塔克邦，印度，2003

112/113 在国会山脉地区运输咖啡果。卡斯特卢市，圣埃斯皮里图州，巴西，2002

114/115 运输咖啡果。桑坦德区，哥伦比亚，2007

116/117 晾晒咖啡果。托达桑特里亚咖啡合作社，托多斯洛斯桑托斯咖啡谷，库丘马塔内斯山脉，危地马拉，2006

118/119 用骡子运输咖啡果。新寨村，怒江峡谷，保山市，云南省，中国，2012

120/121 塔巴村一处咖啡种植园中的传统庆祝活动。兰特包附近的咖啡产区，图拉查山区，苏拉威西岛，印度尼西亚，2014

122/123 香格里拉咖啡庄园。裂谷，恩戈罗恩戈罗火山口山坡，坦桑尼亚，2014

124/125 收获咖啡果。杜特拉农场，圣约翰马纽阿苏市，马塔区，米纳斯吉拉斯州，巴西，2002

126/127 咖啡采摘工。波阿斯火山山坡上的拉希尔达庄园，圣荷西区，哥斯达黎加，2013

129 采摘咖啡果后甄选。耶加雪菲区，埃塞俄比亚，2004

130/131 咖啡采摘工。圣安娜火山

侧面的阿瓜斯卡连特斯庄园，西北区，萨尔瓦多，2013

132/133 咖啡采摘工。奥瑟尔庄园，卡纳塔克邦，印度，2003

134/135 咖啡采摘工。圣安娜火山脉的艾尔康多庄园，西北区，萨尔瓦多，2013

136/137 收获咖啡果。阿瓜林帕农场，圣约翰马纽阿苏市，马塔区，米纳斯吉拉斯州，巴西，2002

138/139 收获咖啡果。阿瓜林帕农场，圣约翰马纽阿苏市，马塔区，米纳斯吉拉斯州，巴西，2002

140/141 晾晒前冲洗咖啡。阿胡亚克族部落合作社，普韦布洛贝略村，内华达山脉圣马尔塔，哥伦比亚，2007

143 在香格里拉庄园采摘咖啡果。裂谷，恩戈罗恩戈罗火山口山坡，坦桑尼亚，2014

144/145 刚摘下的咖啡果，准备晾晒。桑坦德区，哥伦比亚，2007

146/147 咖啡采摘工。皮塔利托市，慧兰区，哥伦比亚，2007

148/149 可承载 5 吨重的咖啡的经济型多功能卡车。勐乃村，思茅地区，云南省，中国，2012

150/151 甄选咖啡果。香格里拉咖啡庄园，裂谷，恩戈罗恩戈罗火山口山坡，坦桑尼亚，2014

152 甄选咖啡果。奥瑟尔庄园，卡纳塔克邦，印度，2003

153 甄选咖啡果。杜登古达庄园，卡纳塔克邦，印度，2003

154/155 甄选咖啡果。香格里拉咖啡庄园，裂谷，恩戈罗恩戈罗火山口山坡，坦桑尼亚，2014

156/157 甄选咖啡果。卡皮提洛庄园，安提瓜区，危地马拉，2006

158/159 甄选咖啡果。杜登古达庄园，卡纳塔克邦，印度，2003

160/161 晾晒咖啡果。耶加雪菲区，埃塞俄比亚，2004

162/163 托达桑特里亚咖啡合作社。托多斯洛斯桑托斯咖啡谷。库丘马塔内斯山脉，危地马拉，2006

164/165 咖啡种植园和加工站。阿蒂特兰湖区，危地马拉，2006

166/167 晾晒咖啡果。耶加雪菲区，埃塞俄比亚，2004

169 勐乃村，思茅地区，云南省，中国，2012

170/171 甄选咖啡豆。恩丹加、姆宾加市合作村，尼亚萨湖区，坦桑尼亚，2014

172/173 咖啡采摘工。阿胡亚克族部落合作社，内华达山脉圣马尔塔，哥伦比亚，2007

174/175 晾晒咖啡果。乌宁波特村地区，噶友山中部，苏门答腊岛，印度尼西亚，2014

176/177 为保证质量，通过人工甄选咖啡豆。姆皮坡（Mpepo）、姆宾加市合作村，尼亚萨湖区，坦桑尼亚，2014

178/179 商店店主兼咖啡生产商。杜落桑谷镇，巴塔克区，苏门答腊岛，印度尼西亚，2014

180/181 晾晒咖啡果。斯利斯利斯村（Sirisirisi village），杜落桑谷地区，巴塔克区，苏门答腊岛，印度尼西亚，2014

182/183 晾晒咖啡果。马黑谷、姆宾加市合作村，尼亚萨湖区，坦桑尼亚，2014

184/185 晾晒咖啡果。阿胡亚克族部落合作社，格美克村（Gemake village），内华达山脉圣马尔塔，哥伦比亚，2007

187 耶加雪菲区的农民。埃塞俄比亚，2004

188/189 为新建咖啡种植园砍伐当地森林。佩德拉阿祖尔区圣玛利亚市，圣埃斯皮里图州，巴西，2002

190/191 托多斯洛斯桑托斯咖啡谷。库丘马塔内斯山脉，危地马拉，2006

192/193 小型咖啡农场主，背景是锡纳朋活火山。棉兰市，苏门答腊岛，印度尼西亚，2014

194/195 恩丹加、姆宾加市合作村，尼亚萨湖区，坦桑尼亚，2014

196/197 恩丹加、姆宾加市合作村，尼亚萨湖区，坦桑尼亚，2014

199 适合小型生产商加工咖啡的机器。杜落桑谷地区，巴塔克区，苏门答腊岛，印度尼西亚，2014

200/201 阿胡亚克族部落合作社，内华达山脉圣马尔塔，哥伦比亚，2007

202/203 晾晒咖啡果。雷克雷尤农场，圣塞巴斯提奥都格兰马市（São Sebastião do Grama），圣保罗州，巴西，2002

204/205 晾晒咖啡果。思茅阿拉比卡星咖啡有限公司，普洱市，思茅地区，云南省，中国，2012

206/207 在乌宁波特村的街道上晾晒咖啡果。噶友山中部，苏门答腊岛，印度尼西亚，2014

208/209 晾晒咖啡果。以阿瓜火山为背景的卡皮提洛庄园，安提瓜区，危地马拉，2006

211 晾晒咖啡果。贝尼费希奥艾尔莫吉托（Beneficio El Mojito），马塔科斯昆特拉镇，贾拉普区，危地马拉，2006

212/213 晾晒咖啡果。彭苏尔巴图村，杜落桑谷地区，巴塔克区，苏门答腊岛，印度尼西亚，2014

214/215 晾晒咖啡果。拉斯特雷斯普韦塔斯庄园，科阿特佩克镇地区，西北区，萨尔瓦多，2013

216/217 为保证质量，通过人工甄选咖啡豆。香格里拉庄园，裂谷，恩戈罗恩戈罗火山口山坡，坦桑尼亚，2014

218 在塔贡昂（Takongon）镇晾晒咖啡果。塔瓦湖区，噶友山中部，苏门答腊岛，印度尼西亚，2014

219 咖啡种植园和加工站。安提瓜区，危地马拉，2006

220/221 晾晒咖啡果。普洱市咖啡试验示范场，南岛河村，思茅地区，云南省，中国，2012

222/223 为保证质量，通过人工甄选咖啡豆。耶加雪菲区，埃塞俄比亚，2004

224/225 晾晒后为咖啡防潮。香格里拉咖啡庄园，裂谷，恩戈罗恩戈罗火山口山坡，坦桑尼亚，2014

226/227 运输干咖啡豆。耶加雪菲区，埃塞俄比亚，2004

228/229 运输经过人工甄选后的咖啡豆。在乞力马扎罗山山坡上的布尔卡庄园，阿鲁沙区，坦桑尼亚，2014

230/231 运输经过人工甄选后的咖啡豆。耶加雪菲区，埃塞俄比亚，2004

232/233 阿拉娜咖啡养护工厂的仓库。卡纳塔克邦，印度，2003

234/235 储存咖啡以备出口。耶加雪菲区，埃塞俄比亚，2004

236/237 咖啡加工机。布图尔科姆姆村（Buntul Kemumu village），噶友山中部，苏门答腊岛，印度尼西亚，2014

238/239 咖啡加工机。阿拉娜咖啡养护工厂的仓库，卡纳塔克邦，印度，2003

240/241 阿拉娜咖啡养护工厂的仓库。卡纳塔克邦，印度，2003

242/243 储存咖啡以备出口。马斯卡维公司，棉兰市，苏门答腊岛，印度尼西亚，2014

244/245 甄选高品质咖啡供出口。P.T. 曼特宁噶友国际公司，棉兰市，苏门答腊岛，印度尼西亚，2014

246/247 甄选高品质咖啡供出口。阿拉娜咖啡养护工厂，卡纳塔克邦，印度，2003

248/249 手工筛选咖啡。亚的斯亚贝巴，埃塞俄比亚，2004

250/251 甄选高品质咖啡供出口。阿拉娜咖啡养护工厂，卡纳塔克邦，印度，2003

252/253 甄选高品质咖啡供出口。阿拉娜咖啡养护工厂，卡纳塔克邦，印度，2003

254/255 盛产咖啡的百花岭村村民正在筹备春节。芒宽乡，保山市，云南省，中国，2012

256/257 乌宁波特地区盛产咖啡的村庄。噶友山中部，苏门答腊岛，印度尼西亚，2014

258/259 恩丹加村的教堂。恩丹加、姆宾加市合作村，尼亚萨湖区，坦桑尼亚，2014

260/261 兰特马村。兰特包附近的咖啡产区，图拉查山区，苏拉威西岛，印度尼西亚，2014

262/263 耶加雪菲咖啡产区乡村教堂的礼拜日。埃塞俄比亚，2004

264/265 耶加雪菲咖啡产区乡村小学。埃塞俄比亚，2004

266 乌宁波特地区盛产咖啡的村庄。噶友山中部，苏门答腊岛，印度尼西亚，2014

267 博金的咖啡和水稻种植村。兰

特包附近的咖啡产区，图拉查山区，苏拉威西岛，印度尼西亚，2014

268/269 伊勒拉（Ilela）的咖啡采摘工正在练习希奥达舞（Sioda）。姆宾加市，尼亚萨湖区，坦桑尼亚，2014

270/271 盛产咖啡的阿帕内卡镇，西北区，萨尔瓦多，2013

272/273 为村中长者举行的传统葬礼，博金的咖啡和水稻种植村。兰特包附近的咖啡产区，图拉查山区，苏拉威西岛，印度尼西亚，2014

274/275 传统“船屋”（Tongkonan）。兰特包附近的咖啡产区，图拉查山区，苏拉威西岛，印度尼西亚，2014

276/277 杜特拉农场。圣约翰马纽阿苏市，马塔区，米纳斯吉拉斯州，巴西，2014

278/279 唐科村（Tanke vilage）咖啡种植园内的传统船屋仓库。兰特包附近的咖啡产区，图拉查山区，苏拉威西岛，印度尼西亚，2014

280/281 泼撒石灰粉以控制土地酸碱度。杜特拉农场，圣约翰马纽阿苏市，马塔区，米纳斯吉拉斯州，巴西，2014

283 以阿瓜火山为背景的安提瓜咖啡种植区。安提瓜区，危地马拉，2006

284/285 托多斯洛斯桑托斯咖啡谷。库丘马塔内斯山脉，危地马拉，2006

286/287 咖啡养护园。拉斯特雷斯普韦塔斯庄园，科阿特佩克镇地区，西北区，萨尔瓦多，2013

288/289 家庭种植园的小型养护园。乌宁波特村地区，噶友山中部，苏门答腊岛，印度尼西亚，2014

291 咖啡种植园。塞拉多区（Serrado region），帕特罗西尼乌市，米纳斯吉拉斯州，巴西，2002

292/293 洛斯桑托斯谷（Valle de Los Santos）的咖啡产区。圣马科斯德塔拉苏市，中区，哥斯达黎加，2013

294/295 咖啡产区。姆宾加市，尼亚萨湖区，坦桑尼亚，2014

296/297 阿蒂特兰火山。阿蒂特兰咖啡产区，危地马拉，2006

298/299 咖啡种植园和防风用的香蕉树。慧兰区，哥伦比亚，2007

300/301 花朵盛开的咖啡树。杜特拉农场，圣约翰马纽阿苏市，马塔区，米纳斯吉拉斯州，巴西，2014

302/303 兰诺博尼托德萨瑟罗（Llano Bonito de Sarcero）的咖啡产区。中区，哥斯达黎加，2013

图书在版编目（CIP）数据

萨尔加多咖啡创世纪之旅 /（巴西）萨尔加多著；
文赤桦，黎旭欢译. -- 北京：中国摄影出版社，2015.7
书名原文：PROFUMO DI SOGNO
ISBN 978-7-5179-0293-5

Ⅰ.①萨… Ⅱ.①萨… ②文… ③黎… Ⅲ.①咖啡－文化－摄影集②摄影集－巴西－现代 Ⅳ.① TS971-64
② J431

中国版本图书馆 CIP 数据核字 (2015) 第 098078 号

北京市版权局著作权合同登记章图字：01-2015-2227 号

PROFUMO DI SOGNO – Original edition © Contrasto srl 2015
photographs copyright © 2015 Sebastião Salgado–Amazonas Images
text copyright © 2015 The authors
Design and Layout © Lélia Wanick Salgado

All rights reserved under International Copyright Conventions.
No part of this book may be reproduced in any form
whatsoever without written permission from the publisher.

萨尔加多咖啡创世纪之旅
作　　者：【巴西】塞巴斯蒂昂·萨尔加多
译　　者：文赤桦　黎旭欢
出 品 人：赵迎新
责任编辑：丁　雪　黎旭欢
版权编辑：黎旭欢
封面设计：衣　钊
出　　版：中国摄影出版社
地址：北京东城区东四十二条 48 号 邮编：100007
发行部：010-65136125 65280977
网址：www.cpph.com
邮箱：distribution@cpph.com
印　　刷：意大利 Trento s.r.l.
开　　本：8 开
印　　张：40
版　　次：2015 年 10 月第 1 版
印　　次：2015 年 10 月第 1 次印刷
I S B N 978-7-5179-0293-5
定　　价：498.00 元

版权所有 侵权必究